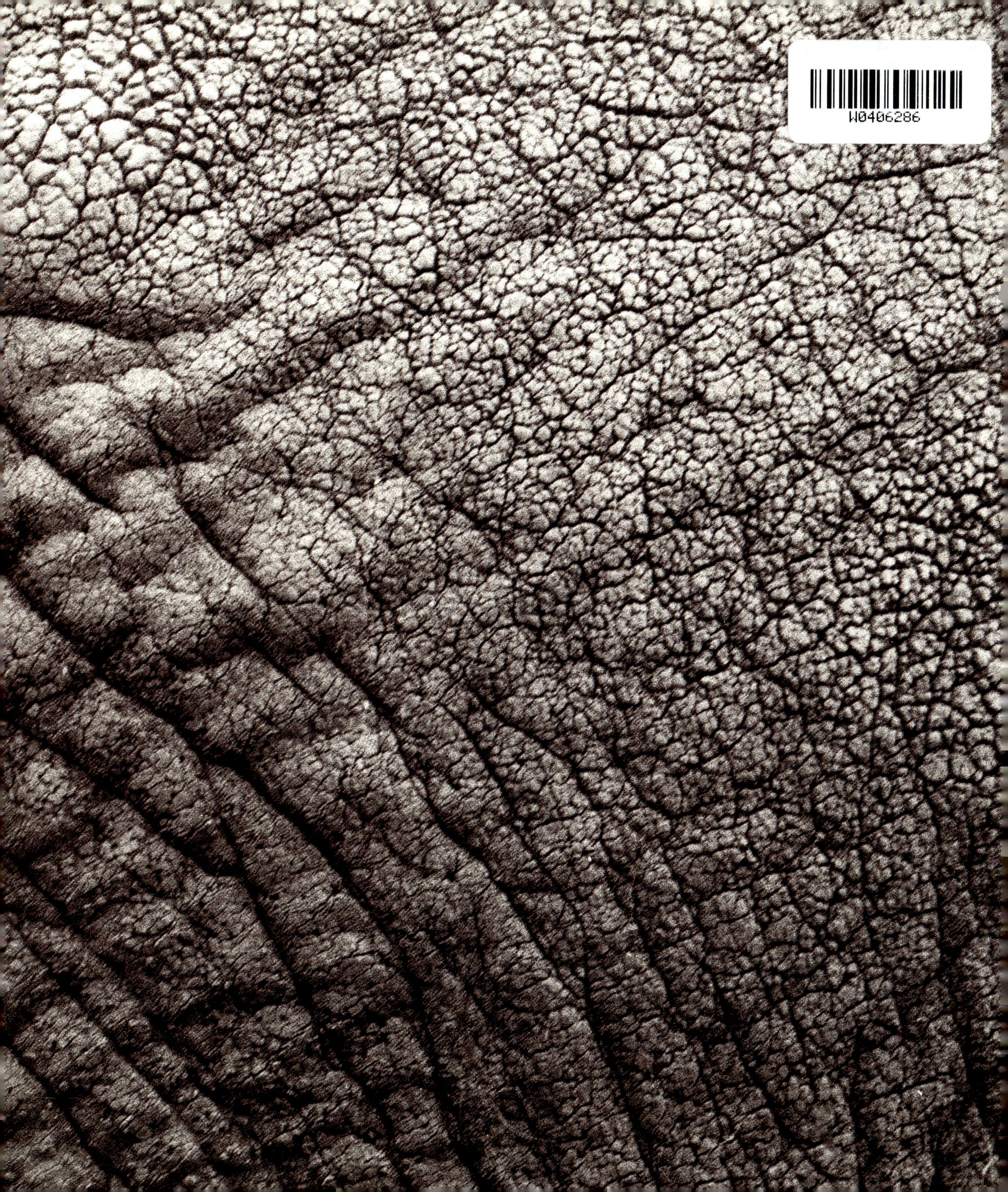

Dieses Buch ist Timbo gewidmet, der im Juli 2005 starb.

The Elephant Book

yes the aurigenal

DER ELEFA

Aus dem Amerikanischen von Holger Wölfle

FREDERKING & THALER

Nomi Baumgartl
Chris Gallucci

NTENMANN

Vorwort von Daniel Opitz

Ich liebe dich« und »Ich kann dich auf der Stelle umbringen«. Die Welt, in der der Elefantenmann aufwuchs, war brutal und gnadenlos. Sein Zuhause verließ er im Alter von zwölf Jahren. Bis zum Ende seiner Teenagerzeit war er Teil der gewalttätigen Biker-Kultur, die in den späten 60ern in der Gegend um Los Angeles entstanden war. Noch keine 17 Jahre alt, fand er sich zum ersten Mal hinter Gittern wieder. Mit einem gefälschten Ausweis und zu viel Stolz, um den Betrug zuzugeben. Der Elefantenmann erinnert sich, dass die einzige für ihn damals gültige Lebensphilosophie darin bestand, keine Schwäche zu zeigen. Dieses Mantra, Öl im Feuer seiner Rebellion, brachte ihm nichts als Ärger ein. Und doch führte es ihn letztendlich auf den Weg zu seiner Rettung und einer wahrhaft großen Aufgabe: zu Timbo, dem grauen Riesen, 50 Jahre alt, fünf Tonnen schwer, dem ältesten und größten Afrikanischen Elefantenbullen Nordamerikas. Ein Dickkopf genau wie Chris, furchtlos, unberechen-

BAD TO THE BONE

bar und immer zum Angriff bereit. Eigentlich war Chris nur auf der Suche nach etwas Zoff, als er 1975 mit seinem Chopper in das kalifornische Acton fuhr, einen kleinen Flecken am Rande der Mojave-Wüste. Was er fand, war ein Job als Schweißer auf dem wahnwitzigen Set von »Roar« (Roar – Die Löwen sind los), einem Film, der dort gedreht wurde und zu dessen Darstellern neben mehr als 100 wilden Löwen, Pumas und Tigern sowie zwei Elefanten auch die Hollywood-Diva und Hitchcock-Schauspielerin Tippi Hedren samt Tochter Melanie Griffith gehörten. Nach Drehschluss blieben Chris und Tippi mit den wilden Tieren allein zurück. Gemeinsam verwandelten sie das, was vom Filmset übrig geblieben war, in die »Shambala – The Roar Foundation«, eine gemeinnützige Organisation mit dem Ziel, den Tieren dort das bestmögliche Leben zu bereiten. Chris war vom ersten Tag an von dem Giganten Timbo fasziniert und fragte einfach, ob er nicht der neue Elefantentrainer werden könnte. Er bekam den Job.

Chris verbringt die erste Nacht an der Seite von Timbo – angekettet, so wie der Elefant. Den Schlüssel wirft er weg. Um Timbos Vertrauen zu gewinnen, bringt Chris seine eigenen Launen unter Kontrolle, zügelt den Wilden in sich selbst. »Es ist so«, sagt Chris, »je ruhiger und entspannter ich bin, desto mehr erlaube ich Timbo, frei herumzulaufen.« In den fast 30 gemeinsamen Jahren sind weder Timbo noch Chris je wieder in irgendwelche Schwierigkeiten geraten. Auf Leute wie Chris Gallucci trifft man nicht einfach zufällig. Man gerät in den Sog ihrer Anziehungskraft. Chris und ich lernten uns im Jahr 2000 auf den Bahamas bei einem Shooting der Fotografin Nomi Baumgartl kennen. Chris hatte sich nach beinahe 30 Jahren endlich Urlaub gegönnt und war der Einladung des Models gefolgt. Doch nach wenigen Tagen brach er den Aufenthalt im karibischen Paradies wieder ab. Er hielt es nicht aus, dass Timbo seinetwegen eingesperrt und an Ketten gelegt wurde, und kehrte in sein eigenes Gefängnis, in die kleine Welt von Shambala, zurück. Ich habe mich immer schon von Leuten angezogen gefühlt, die in ihrem Leben an die Grenze gehen, Charaktere, die sich großen Herausforderungen stellen. Als ich ein

Jahr später mit meinem Filmteam auf Shambala ankam, um die Dokumentation »Der Elefantenmann« zu drehen, steckte Chris mitten in seiner größten Lebenskrise: Zum ersten Mal verdammte der Elefantenmann sein einsames Leben mit Timbo, begrenzt auf die Ranch in der Wüste. Er schnitt sich seinen langen Bart ab, verkaufte den geliebten Chopper und hörte auf, seine mit Hingabe geschliffenen Messer zu polieren. Doch Chris wäre nicht Chris, wenn er sich nicht aus diesem Tief herausgekämpft hätte. Die Dreharbeiten gaben ihm Kraft. Chris fing wieder an, sein Tagebuch zu führen. Ließ seinen Bart wachsen. Kaufte sich ein neues Motorrad und den 57er Chevy Bel Air, von dem er immer geträumt hatte. Wir drehten den Film zu Ende und wurden enge Freunde.

Ich schätze Chris' Einfachheit, seine Art, die Dinge zu betrachten, sein ganzes Wesen ... eben Chris *just being Chris.* Er hatte nie den Drang, sich mit modernen Dingen wie Geldautomaten, Computern oder Mobiltelefonen auseinanderzusetzen. Weniger aus einer inneren Abneigung heraus als vielmehr deshalb, weil er mit anderen, wichtigeren Dingen beschäftigt war. Chris wurde für mich zu einer Art Urfigur mit einem ursprünglichen Wissen, ja auch mit einer Anlage zu elementarer Aggression. In gewisser Weise wurde Chris für mich das, was Timbo für Chris darstellt.

Wenn die Fotografin Nomi Baumgartl sich einem neuen Motiv nähert, tut sie dies nicht nur mit ihrer Kamera, sondern mit ihrem Herzen, ihrem ganzen Wesen. Nomi gehörte zu unserem Filmteam in Shambala. Irgendwann stand sie inmitten eines brachliegenden Feldes und sah einen Fünf-Tonnen-Elefanten auf sich zurasen. »Nicht bewegen«, schrie Chris, »nicht bewegen!« Nomi schloss die Augen. Dann war es still. Und plötzlich spürte sie einen feuchten, warmen Rüssel in ihrem Gesicht und ein so starkes Saugen, dass es sich anfühlte, als würde sie in einen Windtunnel hineingesogen. »Jetzt vertraut er dir.« Von diesem Moment an gelang ihr das Unmögliche: die spirituelle Verbindung zwischen einem Menschen und einem Tier abzulichten, zwischen Chris und Timbo.

ELEPHANT TRAMP
ROAR

»Das ist der Unterschied zwischen einer Harley und irgendeinem anderen Motorrad ... Ich bring' die Löwen zum Brüllen.«

»Erst wenn wir erkennen, was uns Menschen von den Tieren trennt, kommen wir einander näher.«

»Elefanten.

Leg dich nicht an mit den Elefanten.«

»Ich spreche von Elefanten, Mann.
Es ist kein Kinderspiel, aber du musst auch
kein Genie sein, um sie zu durchschauen.«

BLUE BOOK
ELIPHANTS
Name
Subject
Section
Instructor
Date
Seat No.
5-13-79
because of the

Mein Leben mit Timbo

Ich teile mein Leben mit einem Elefanten – und er seins mit mir. Ich ziehe mit einem Elefanten rum – und er mit mir. Ich hänge mit ihm ab – und er mit mir. Es gibt da so eine Verbindung zwischen uns, einen gemeinsamen Draht ... ja, es geht wohl um gegenseitiges Verstehen. Ich habe die Persönlichkeit von einem Elefanten – und er die von mir, aber es hat 28 Jahre gedauert, bis das so war, und jetzt nach diesen 28 Jahren ist es völlig normal.

Ich bin nie zur Schule gegangen, meine Eltern waren geschieden. Mit zwölf bin ich von zu Hause abgehauen und hab' von da an alleine gelebt. Mit 16 bin ich zum ersten Mal in einen Erwachsenenknast gekommen. Da hab' ich natürlich den starken Mann gespielt und bin viel zu schnell erwachsen geworden, viel zu schnell. Ständig war ich in irgendwelchen Schwierigkeiten: Immer wieder wurde ich festgenommen und

IN DEN KNAST GESTECKT, dauernd war ich in Schlägereien verwickelt, wurde wieder geschnappt und immer so weiter ... und zu was hat das geführt? Zu überhaupt nichts.

Aber das ist genau das Ding, Mann, sei cool und – du weißt schon – besorg dir einen Chopper, fahr quer durch Amerika, mach ordentlich einen drauf und find' raus, wie viel Ärger du überlebst. Ich wurde angeschossen, mit dem Messer verletzt, zusammengeschlagen und halb tot liegen gelassen. Damals lautete die Losung: Keine Schwäche zeigen, da geht's lang, soundso sind die Regeln, soundso musst du dich verhalten, das und das bringt dich durch den nächsten Tag. Ich kenn' das Gefühl, wenn man am Boden liegt und einer noch nach dir tritt. Ich weiß, wie das ist, wenn einem die Freiheit geraubt wird. ICH WEISS, WIE DAS IST, WENN MAN ANGEKETTET IST! Und vielleicht kommt daher mein Respekt für die Elefanten: dass sie keine Angst und keine Schwäche zeigen. Wenn man das schafft, kann man in dieser Welt auch überleben, aber wenn nicht, macht die Welt dich fertig.

Als ich hierhergekommen bin, war ich zusammen mit einem Freund unterwegs auf der Suche nach Arbeit ... und da sind wir nach Acton gekommen. Das war nur so ein kleines Kaff. Wir sind da in eine Bar gegangen, haben uns mit dem Barkeeper unterhalten, und der meinte zu uns: »Ja, oben im Canyon wird ein Film gedreht, da werden eine ganze Menge Leute gebraucht.« Das war »Roar«, der da gedreht wurde. Der ganze

Schauplatz war für den Film aufgebaut, und die ganzen Tiere waren für den Film da. Auf dem gesamten Gelände ging's nur um den Film. WIE DER RUMMEL VORBEI WAR, BIN ICH GEBLIEBEN UND TIPPI HEDREN AUCH. Anfangs habe ich im Sommer in einem Zelt bei Timbo gelebt. Den Winter habe ich in einem winzig kleinen Wohnwagen verbracht, den ich echt gehasst hab'. Der war einfach zu klein. Also hab' ich mir die Wohnfläche ausgebaut und mich dann entschieden, hier zu leben ...

Tippi Hedren ist die Hollywoodschauspielerin – ich bin der Motorrad fahrende Elefantentrainer. Zwei völlig unterschiedliche Persönlichkeiten, aber gerade darum bin ich mit ihr so gut klargekommen: WEIL SIE MICH SO HAT SEIN LASSEN, WIE ICH EBEN BIN. Sie versucht nicht, einem ihre Welt aufzuzwingen. Ihre Welt und meine Welt, die sind beide hier auf der Ranch. Tippi versteht, wie wichtig der Elefant für mich ist, und ich verstehe, wie wichtig die Ranch für sie ist. Irgendwie stimmt es einfach zwischen uns.

FREUNDE, EHE, FAMILIE – auf all das hab' ich verzichtet, um mit dem Elefanten zusammen zu sein. Zum Teufel, 28 Jahre lang hab' ich hier gearbeitet, viele Ersparnisse für meine Rente hab' ich nicht. Aber es geht auch nicht ums Geld. Es geht darum, was passiert, wenn man sich dem größten Tier verbunden fühlt, das auf dieser Welt lebt.

Das hat Spuren bei mir hinterlassen. Seine Spuren. Nicht in meinem Geldbeutel, sondern in meinem Herzen, und das ist nun mal so.

Damit man vielleicht versteht, inwiefern ich von Dingen abgehalten werde, die ich eigentlich tun sollte, und wann meine Verantwortung für den Elefanten eine der härtesten Aufgaben für mich war: Einmal hat Timbo sich den Stoßzahn angebrochen, und es sah richtig schlecht aus. Er hatte ihn angeknackst, und der Zahn war ganz tief innen gebrochen. Wenn Elefanten so was passiert, ist das gar nicht gut. Es entzündet sich da drin was. Die Infektion kann bis ins Gehirn wandern und sie umbringen. Also muss das gesäubert werden. Dreimal am Tag muss man die Stelle sauber machen und den Eiter rausholen, und dreimal am Tag muss man Medizin draufpacken, man muss die alte Medizin wieder runtermachen und neue drauftun. Na ja, und da krieg' ich einen Anruf, dass mein Vater gestorben ist und dass es eine Begräbnisfeier gibt, die in zwei Tagen stattfinden soll, und meine Schwester erklärt mir: »Du musst zur Beerdigung kommen«, und ich sage: »Ich kann nicht, ich kann wirklich nicht.« DER ELEFANT LÄSST NIEMAND ANDEREN AN SICH RAN. Das ist also das Problem, das ich mit dem Leben und mit anderen Leuten und mit dem Elefanten habe: Ich bin nicht mal zur Beerdigung von meinem Vater gegangen. Bin ich deshalb ein schlechter Mensch? Aber ich weiß, dass ich es so machen musste … und nicht wie normale Leute es gemacht hätten. Damit muss man leben.

Freunde von mir sagen: »CHRIS, DU HAST DIR DEIN EIGENES GEFÄNGNIS GEMAUERT; so wie du lebst, hast du dich selber eingebuchtet. Du hast dich so auf diese Tiere eingeschossen, dass du sie nicht mal mehr aus deinem Kopf rauskriegst.« Oh Mann, was für ein unheimlicher Gedanke, ich mein', wo Freiheit mir doch so wichtig ist. Da halt' ich nun überhaupt nichts davon, nach irgendwelchen Regeln oder Vorschriften zu leben, und dann stelle ich mir selber welche auf! Jetzt habe ich mir selbst meine Freiheit genommen, mit meinen eigenen Regeln und meinen eigenen Vorschriften, und das ist alles auf meinem eigenen Mist gewachsen, weil ich dem Elefanten unbedingt ein gutes Leben ermöglichen will.

Wenn ich mit Timbo zusammen bin, denke ich nicht wie ein Mensch – was jetzt nicht heißen soll, dass ich zu einem Elefanten werde. Das nicht, aber ich komme von der einen Wirklichkeit in eine andere, und ich bevorzuge die Wirklichkeit mit dem Elefanten. Wir haben immer so ein Dickkopf-Spiel: Wer von uns ist der Sturere? TIMBO HAT NÄMLICH CHARAKTER, UND ICH HABE CHARAKTER. Leute kotzen mich manchmal an. Und manchmal kotzen die Leute Timbo an, aber das mag ich an ihm. Er kann dann ein richtiges Arschloch sein. Womit ich überhaupt kein Problem habe, er ist ja keins … seine Persönlichkeit ist ungebrochen.

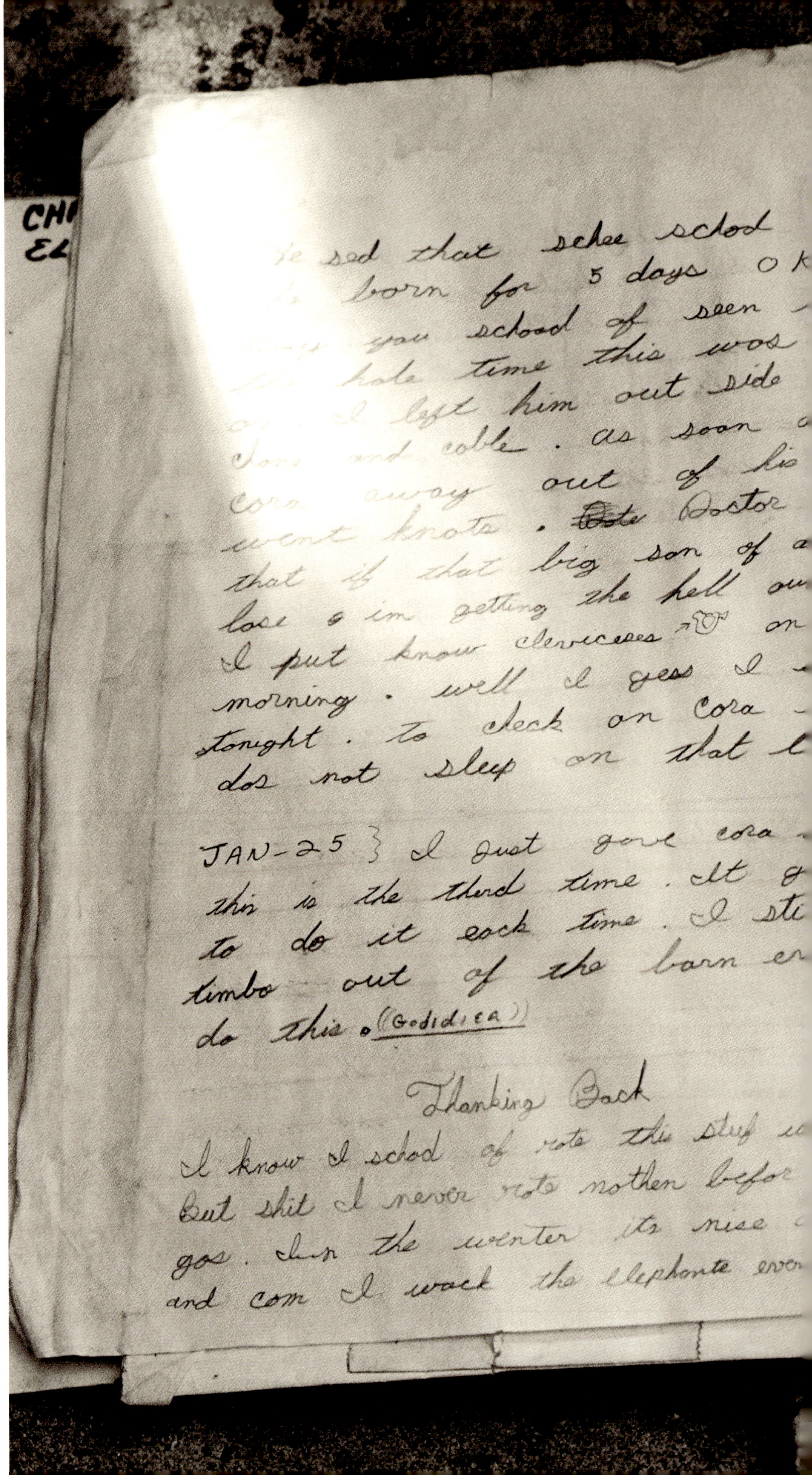

...e sed that schee schod
... born for 5 days O K
... you schood of seen
... hole time this wos
... I left him out side
... and coble. as soon
cora away out of his
went knots. Doctor
that if that big son of a
lose & im getting the hell ou
I put know clevicees on
morning. well I gess I
tonight. to check on Cora
dos not sleep on that

JAN-25 } I just gave cora
this is the third time. It
to do it eack time. I sti
timbo out of the barn
do this. ((Godidiea))

Thanking Back

I know I schod of rote this stuf
But shit I never rote nothen befor
gos. In the wenter its nise
and com I wack the elephants even

in
k.-
g
a
tock
he
ss sed
gete
z.
s chane
lear
hee
down
aser
t
ime I
happend
e
l

excepet wen it rains or its to cold. I have them do thar tricks som times to keep them up on thar manners. But most the time I let them be them selves "ELEPHANTS" dammet thats wate tha are. OH YES but the summer is greate. Its nise and hot in morning so we go for a nise long walk. Then its the lake. I put them in the water I get in a connaw

and we have the time of hour lives. I did a T.V. SHOW cald QUST once with the elephants in the water. and it worked out grate. "OH SHIT" I rember once the hart to hart show asked me If I cod make a elephant charge and destorey a tent. I sed sit sit hmmmm "Shit yes" Boy I dident know how hard it is to get all that wate moveing in one derexicon amd tworde a taraget and tear it up. well every day I tray and tray. One week goes by and it ant so good ok he dose it but it dont look so good to me Well mor practie. O yes one week more and that dam elephant TIMBO is rite on key. O yes after 4 tentes to weake and a lot of crap. I even rented a motersycle to piss timbo off so he wood runn full speed at his target. All of that and

BEEN LOOKING
FOR

Timbo ist jetzt 46 Jahre alt. Er wiegt fünf Tonnen, 10000 Pfund. Er ist der älteste und größte Afrikanische Elefantenbulle in den USA. Er ist der reine Wahnsinn. ER IST EIN RIESENKERL, ABER ICH HAB' IHN IMMER GANZ ALLEINE IM GRIFF GEHABT. Woher das kommt? Ich schlage ihn nicht und ich bin nicht gemein zu ihm. Ich behandle ihn nicht schlecht und ich lass ihn auch nie alleine. Ich glaube, das ist der Trick an der Sache. So bekommt man ihn dahin, dass er dich in seinem Leben akzeptiert. Er weiß, dass ich mein Leben für ihn gebe.

Früher war mein Leben ... es war einfach verrückt, und dieses ganze Ding, dass man nie Angst zeigen darf, selbst wenn man welche hat ... – deshalb passt das hier wie die Faust aufs Auge. Hier muss man sich auch der Sache stellen. Wenn man vor einem Problem steht, kann man nicht einfach wegrennen ... so wie: »Oh Gott, es brennt!«, oder: »Oh Gott, das Wasser steigt!«, und man will einfach nur weg. Mein Background hat mir wahrscheinlich geholfen, mit meinem Leben hier klarzukommen, weil ich nämlich auf alles gefasst bin. Egal was. Wenn Timbo zum Beispiel anfängt zu trompeten und herumzurennen, ich mein', wenn er richtig wütend wird, seh' ich sonst keinen, der sich ihm in den Weg stellt und ihn aufhält – ICH TU'S, ICH HAB' DAS IMMER GETAN. Das bedeutet nichts, außer dass ich keine Angst vor ihm habe und er es weiß. Bei jedem anderen probiert er, wie weit er gehen kann, und wenn er merkt, dass er immer weiter gehen kann, tja, dann macht er weiter und weiter, bis derjenige … bis derjenige keine Kontrolle mehr über ihn hat. Jahrelang hab' ich versucht, jemand anderen zu finden, der mit ihm arbeitet, aber ich kann keinen finden, der so viel Einsatz zeigt, dass er sich vor einen fünf Tonnen schweren, wütenden Elefanten stellt.

Ich hab' mit anderen Elefantenleuten gesprochen, und die sagen: »Wie machst du das? Wie kriegst du das hin, dass du alleine einen Elefantenbullen abrichtest?« Und ich sag' ihnen dann immer: »Ich wüsste nicht, wie ich es anders machen soll. Ich weiß es nicht, versteht ihr, ich mache es einfach so.« Ganz ehrlich: Ich hab' wirklich nicht die geringste Ahnung, was der »Trick« oder das »Geheimnis« bei der Sache ist. Ich hab' so viele Bücher über Elefanten gelesen, ich hab' mir so viele Leute mit Elefanten angeguckt, und das hat mir alles nichts gesagt. IRGENDWIE GLAUB' ICH, DAS EINZIGE, WORAUF ES ANKOMMT, IST HINGABE. Das ist der ganze Trick. Das ist das Geheimnis. Man muss es mit ganzem Herzen tun … man muss sich voll reinhängen … man kann nicht einfach nur so tun als ob.

TIMBOS ANTWORTEN SIND EINFACH. DAS MAG ICH AN IHM; es ist nicht schwierig oder kompliziert. Seine Antworten gehen so: Ich brauch' was zu essen, ich brauch' Wasser, ich brauch' Auslauf, ich brauch' etwas Unterhaltung – könntest du mir dabei behilflich sein. Es gibt natürlich auch Sachen, die nicht so einfach sind, aber dass

ich mit ihm so viel Zeit mit Nichtstun verbracht und nur mit ihm rumgehangen habe, lässt mich wirklich manchmal darüber grübeln, was wichtig ist und was nicht. Und das bringt mich dann ziemlich durcheinander. Schließlich werd' ich älter, verstehst du; als ich hiermit angefangen hab', war mein Bart noch schwarz und ich hatte schwarze Haare, und jetzt ist mein Bart grau, und deshalb … ist es das alles wert? Ich weiß es nicht. Das reißt mich dann innerlich auseinander, weil ich manchmal ins Zweifeln komme: Shit, hab' ich's vermasselt? Und deshalb … ich mein', ich hoffe, dass er noch lange nicht stirbt, aber wenn … Ich werd' hier sitzen und denken: Was hab' ich gemacht? Ich hab' 28 Jahre mit diesem Riesengefühl verbracht, mit dieser Riesenemotion, und jetzt habe ich nichts.

Manchmal ergibt dieser ganze Irrsinn dann aber doch einen Sinn. Nicht gerade oft, aber zum Beispiel, wenn man seinem Kind zum ersten Mal Schnee zeigt, oder WENN EIN ELEFANT AUS LIEBE ODER BLINDEM VERTRAUEN ETWAS UNMÖGLICHES UND UNGEHEURES FÜR DICH TUT. Zum Beispiel, wenn Timbo ohne zu zögern einen kleinen Berg hochklettert, weil ich ihn dazu aufgefordert hab'. Solche Sachen geben einem das Gefühl, dass man irgendwas in seinem Leben richtig gemacht hat. Ich hoffe, dass jeder solche Momente in seinem Leben hat. Ich glaube nämlich, dass das die Momente sind, für die sich dieses verrückte Leben überhaupt lohnt, und ich nehm' an, dass ich einfach Glück habe.

Wenn das hier alles vorbei ist, würde ich gerne anderen Leuten beibringen, was ich weiß. Ich glaube, das wäre ein guter Abschluss für die ganze Geschichte ... – oder ein großartiger neuer Anfang wäre, herumzureisen und an Leute mit Elefanten die Erfahrungen weiterzugeben, die ich im Lauf von 28 Jahren gemacht habe. Ich weiß ziemlich viel darüber, was mit Elefanten los ist, wenn sie krank sind, worüber sie sich freuen, womit sie sich beschäftigen, wie man ihre Verhaltensweisen deutet, wie man erkennt, dass sie Probleme haben. Mit diesen ganzen Sachen kenne ich mich aus. So etwas schwebt mir vor. Ich stell' mir also vor, dass ich nach dem, was jetzt ist, mit der Sache weitermache, nur eben nicht mit Timbo, weil er dann ja nicht mehr da ist. JA, ICH MACH' ALSO EINFACH WEITER MIT DEM ELEFANTENDING.

TAGEBUCHAUFZEICHNUNGEN VON CHRIS GALLUCCI
UND GESPRÄCHE MIT DANIEL OPITZ

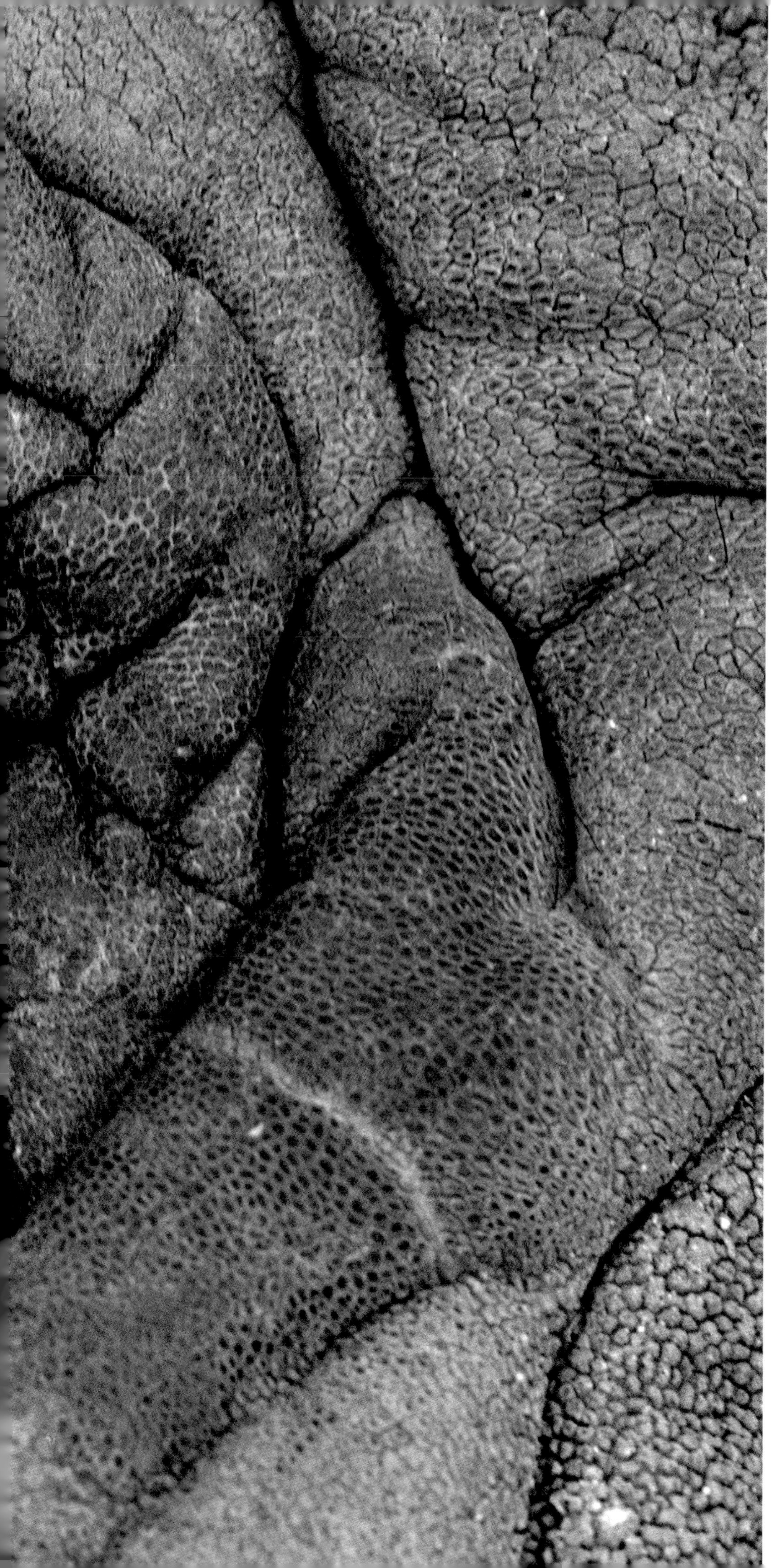

»... FÜNF TONNEN!«

»TJA, WAS ERWARTEST DU,
WENN DU ANFÄNGST ZU
DENKEN UND ZU FÜHLEN
WIE EIN ELEFANT?«

»Der Tierarzt kriegt den Ruhm,
der Besitzer kriegt den Ruhm,
nur der Trainer nie.«

»Wenn du Elefanten abrichten willst,
musst du sie lieben, du musst rauskriegen,
wie sie ticken, wie sie denken, was sie fühlen.
Du musst selber einer werden. So wie sie dann
auch immer mehr über dich herausfinden.«

»Was zum Teufel ist hier los?«

»Sie haben Gefühle. Sie empfinden Schmerz.
Ja, auch Glück, Erfüllung, Freiheit, Freundschaft.«

»Morgen muss ich mich um Elefantenfüsse kümmern. Die Zehennägel. Ist aber halb so wild mit einer scharfen Feile.«

SHIT I donT
NO THE dATE
NOV ? 91

REAMINd ME TO TELL you ABOUT BEVRLEY HIL'S 3 FUCKEN LOYOURS A SQUNFINER ANd Tippi. FOR A ELEPHANT depsit. So Today WE HAdE A FUNd RASER A LOT OF PEPLE. ENEYWAY AT THE ENd Tippi WAS TACKEN TO A CROUd. I WASE done doing ELEPHANT PITCHERS. So I Told Tippi I WASE GOING TO LodE THE bARN. I WONTEd TO SE IF Tippi wood CONTU HERE SPECH IF I WOSENT THAR. SO I SOLWLE WALKEd AWAY AND YES HE did IT THRU ROCKS AT THE PEPLE. So THIS IS CAL TECHING Tippi TRICKS- ANd ALL IT IS KEPPING THE ELEPHANTS ATTCHEN, ANd YOUR EYE ON HIM OR HER. NOT SO SCHEE CAN STANd THAR ANd GIV SPECHESS WHEN I ANT THAR. BUT SO SCHEE CAN AT LEST WALK BY ANd or JUST SAY HI WITHOUT PLAYING CATCH WITH A ELEPHANT

THE ONE ALL OF
YOU BEN LOOKING

»PS: Ich weiss nicht, welches Datum wir heute haben. Das ist so eine Sache, die mir an meinem Leben gefällt.«

»Please don't let me be misunderstood.«

»Als ich klein war, wollte ich immer ein Gangster sein. Ich bin dann früh erwachsen geworden ... zu früh. Als ich zum ersten Mal festgenommen wurde, war ich in der sechsten Klasse und so zugedröhnt, dass ich nicht mal meinen Namen schreiben konnte. Auch mit der Zeit wurden die Dinge nicht besser.«

»Man muss das
Problem abstellen,
bevor es da ist ...«

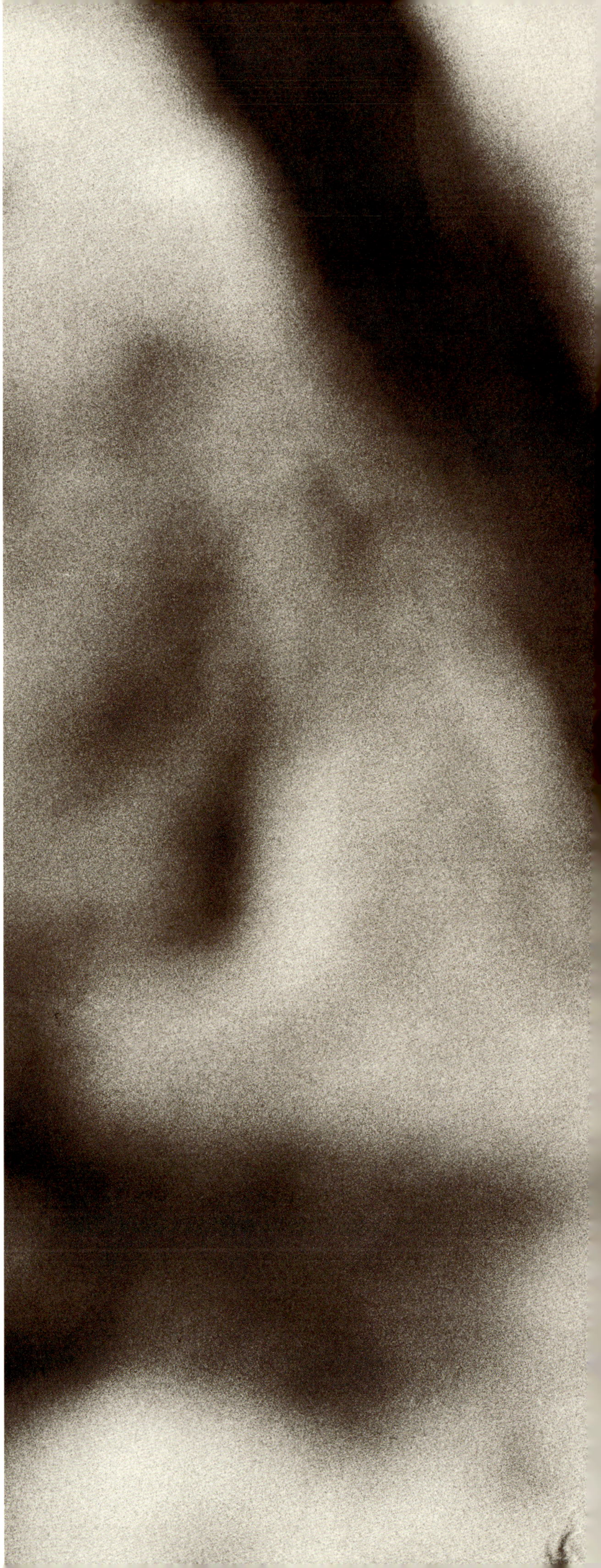

ELEPHANT TRAMP

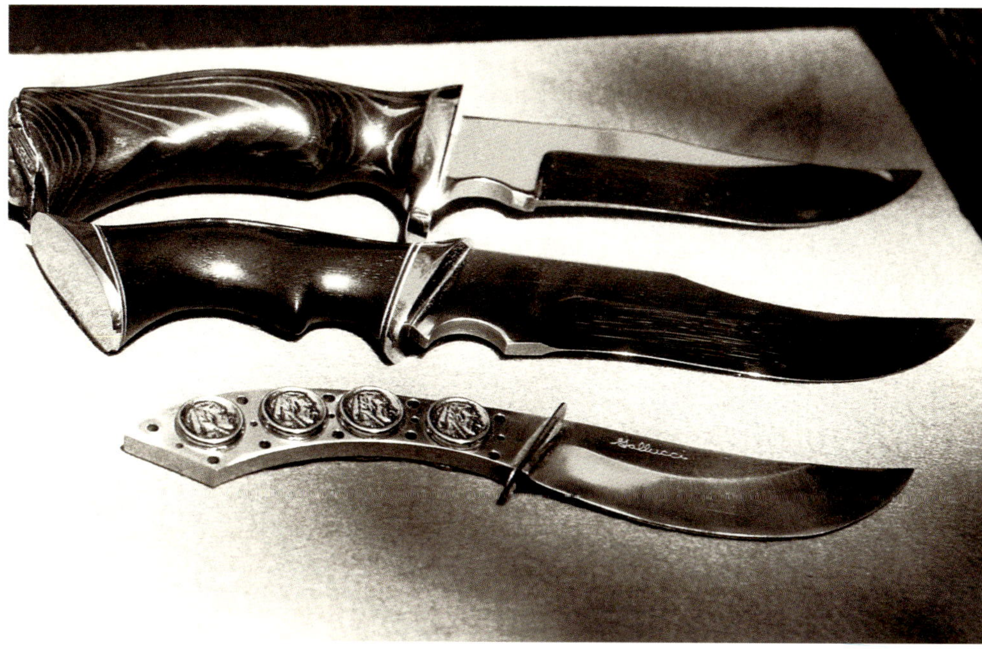

»Ich verbring' viel Zeit nur mit Polieren.
Ich polier' mein Motorrad, ich polier' Messer,
ich mein', ich verbring' zwar viel Zeit damit,
aber je mehr ich damit verbringe, desto länger
kann der Elefant draussen bleiben.«

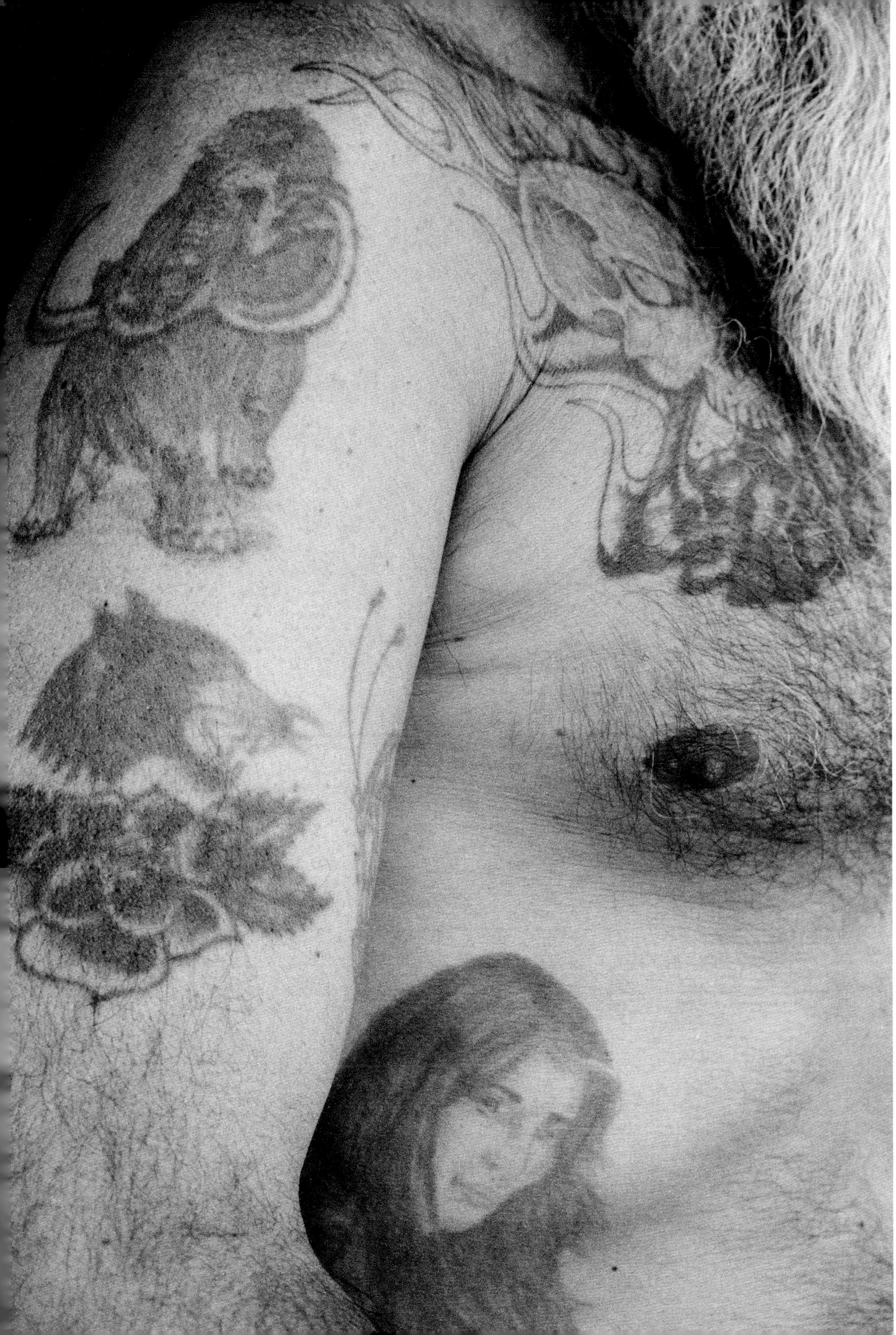

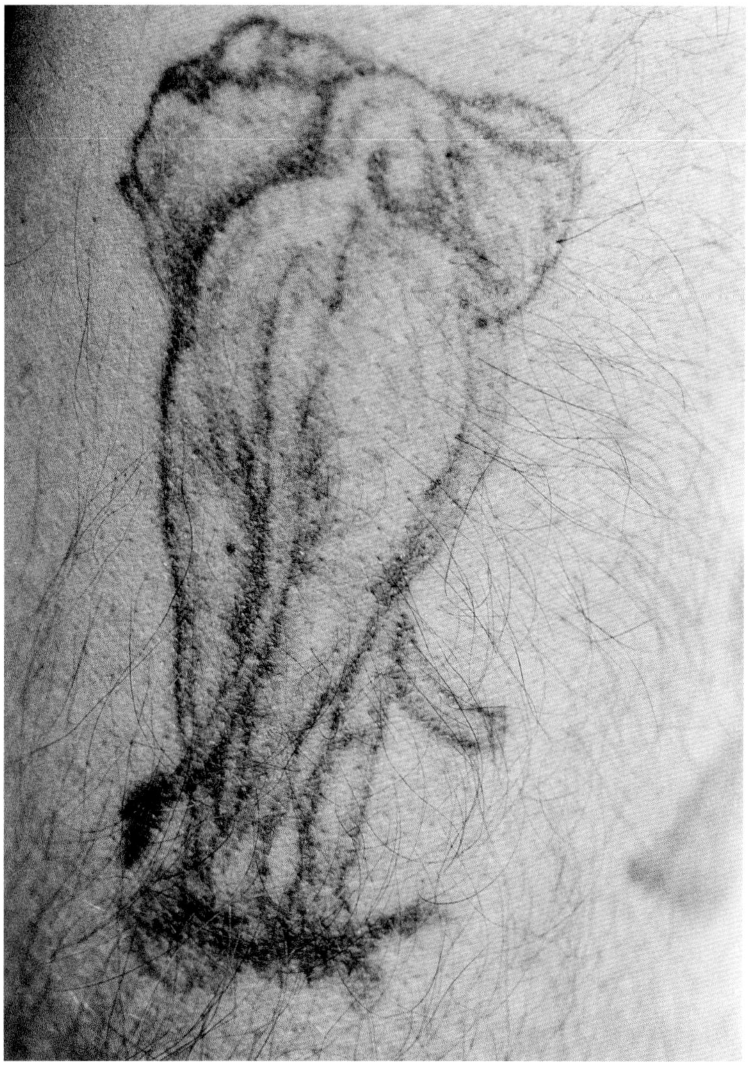

»So wie ich eben bin.«

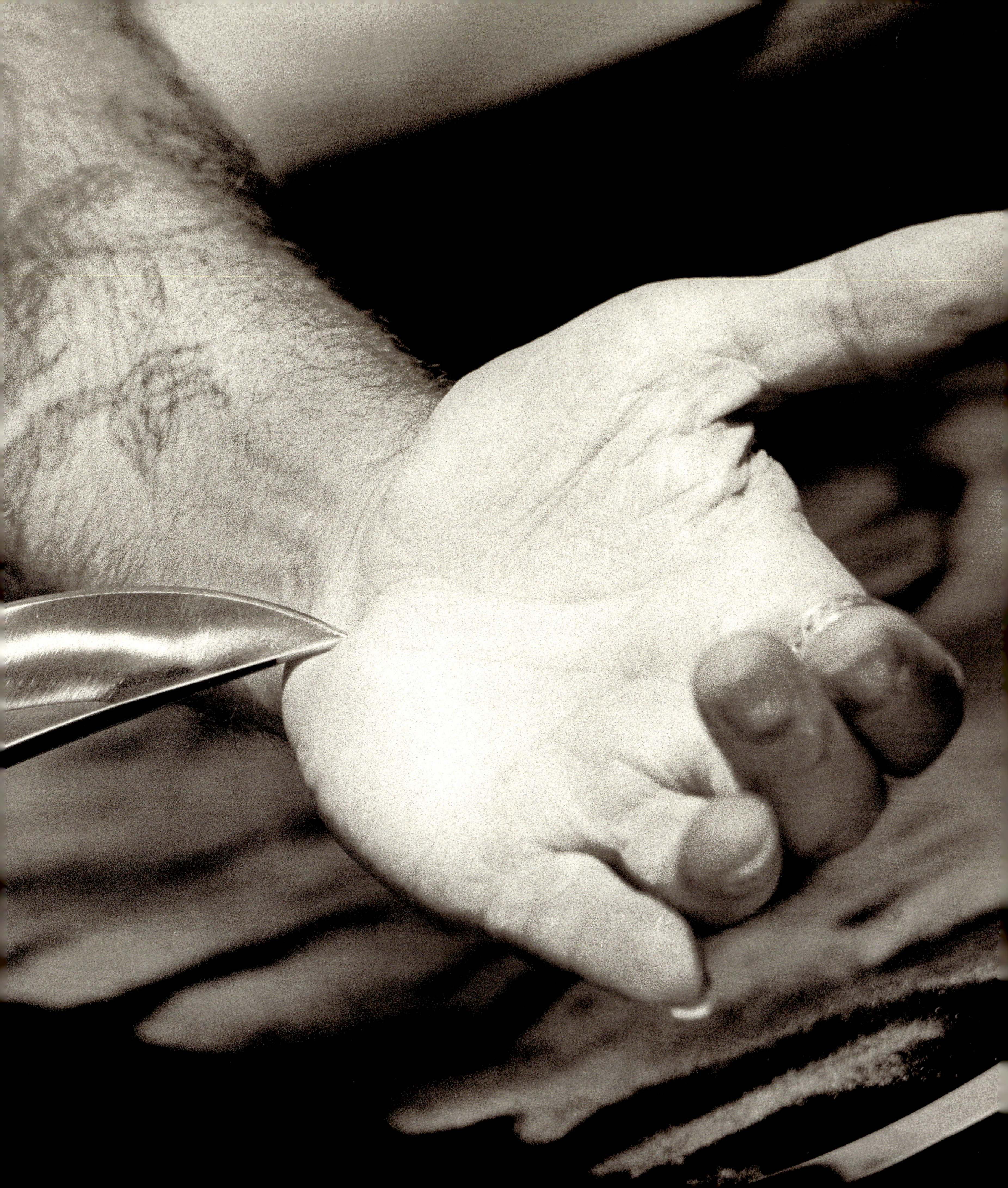

»Es muss eine Harley sein,
und es muss eine aufgemotzte
Harley sein.«

ROAR

»Es ist das ganze Gefühl. Es ist der Sound. Es ist, es ist ... es ist halt ein Lebensstil, verstehst du. Ich kann keine andere fahren. Ich würde auch nie 'ne andere fahren.«

»Man muss für irgendwen
oder irgendwas leben,
sonst hat das Leben
keinen Sinn.«

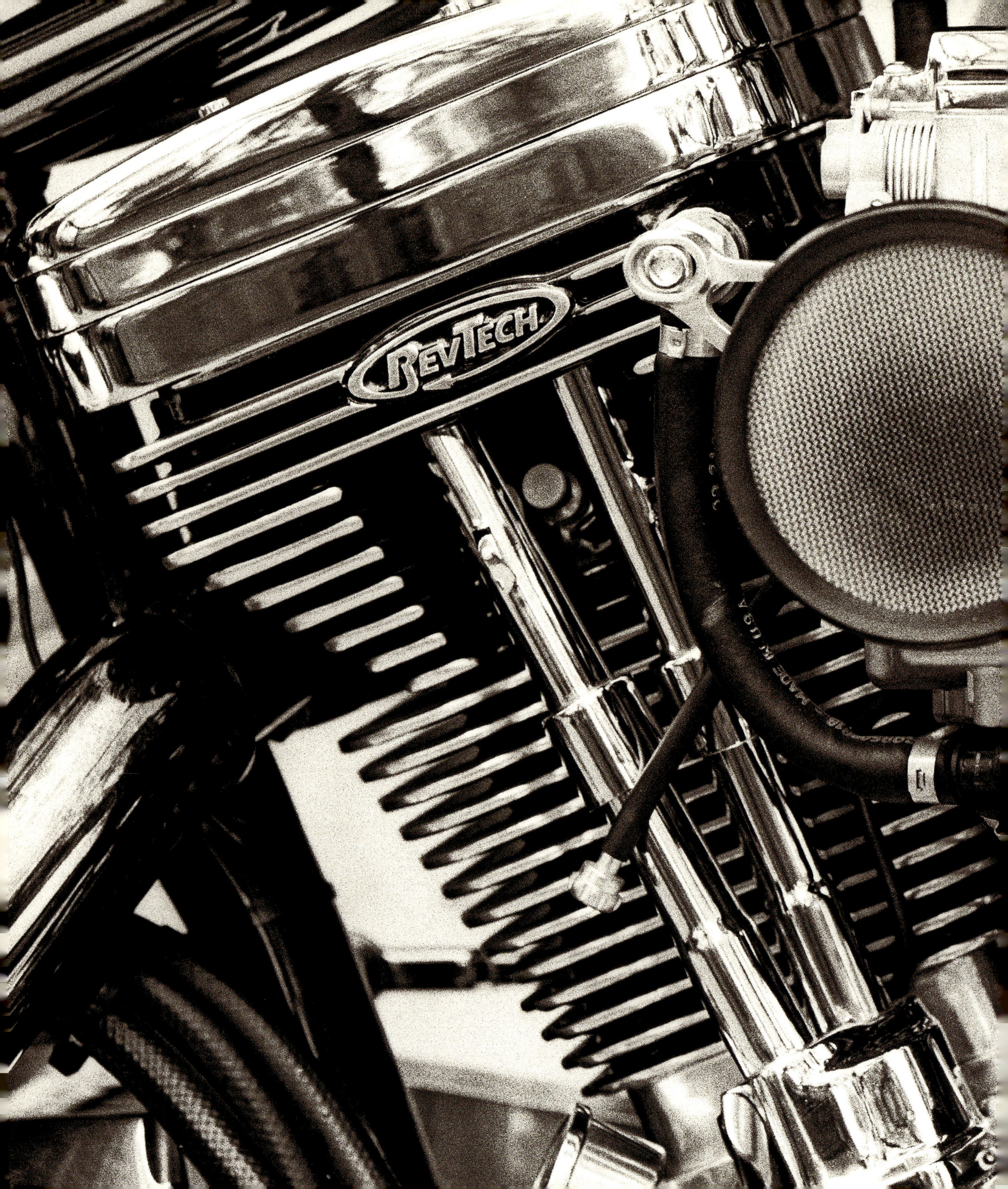
RevTech

RevTech

»Das ist echt Wahnsinn.
Der Wahnsinn in Schwarz und Chrom.«

»Ich weiss, wie das ist,
wenn man angekettet ist.«

»Außerhalb der Ranch laufe ich hinter ihm her. Nicht er hinter mir. Ich folge ihm einfach, er kann also machen, was immer er will … bis wir zurückgehen. Draußen tauschen wir die Rollen. Wir tauschen unsere Plätze. Ich kann ihn dann beobachten und sehen, was er so treibt – und man lernt so viel über ihn.«

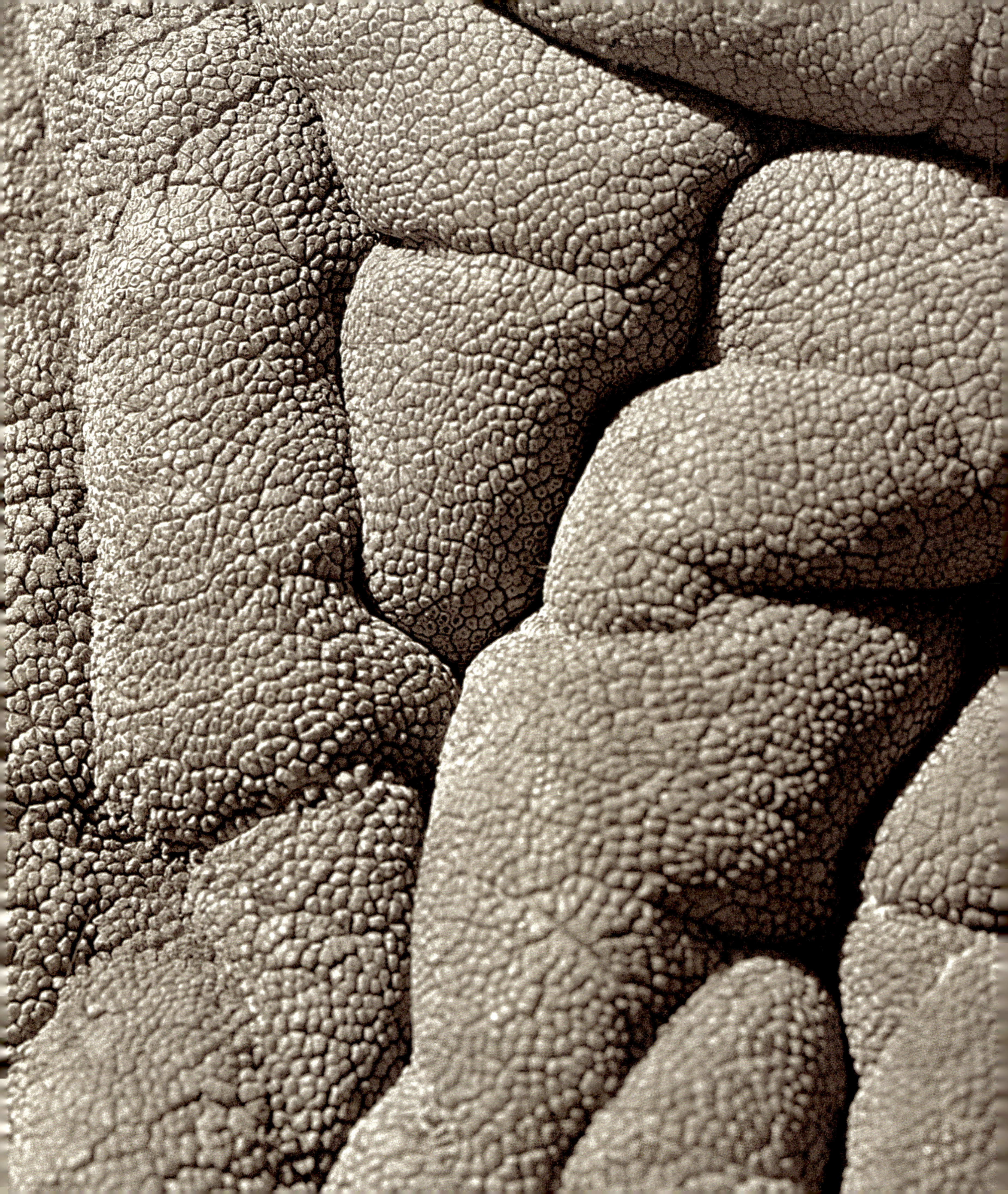

»Wenn er im Gehege ist,
versuche ich es ihm so
hübsch wie möglich zu
machen. Das hier ist alles
ganz natürliches Zeug,
das er auch im Fluss findet.
Das mag er so gerne.
Er sitzt hier dann so in
seinem Gehege und frisst
das ganze Zeug und die
Rinde von den Ästen, und
das ist alles gesund für ihn.
Ich behandle ihn so, wie ich
selber behandelt werden
möchte. Wenn ich will, dass
mein Essen gut aussieht,
dann soll sein Essen auch
gut aussehen.«

»Nein, ich bin nicht verrückt geworden. Aber dieser Elefant hat mir mitgeteilt, dass er das stinkige alte Wasser aus dem See nicht mehr sehen kann. Er hat mir das nicht mit Worten gesagt, aber ich hab' ihn sehr gut verstanden.«

»Weisst du, manchmal sitz' ich so rum und denk', es gibt doch so viel zu sehen auf der Welt und so viele Sachen, die man noch machen könnte. Aber das ist nur manchmal so, denn ich würde mein Leben nie mit irgendwem anders tauschen.«

ELEPHAN
TRAMP

»Ich sammle Sachen, die mir gefallen,
ganz gerne um mich herum an.
Wenn ich dann morgens aufwache, na ja,
dann wache ich eben in einer Umgebung auf,
die ich mir selbst ausgesucht habe.«

»… und ich hab' zu ihnen rübergeguckt und gemerkt, dass die Typen mich anstarren, und ich frag' so: ›Was starrt ihr mich denn so an?‹ Und die meinen: ›Das ist so ein ungewohntes Bild, dich nicht auf der Ranch zu sehen.‹ Und immer wenn ich irgendwo hingeh', verstehst du, sagen die Leute: ›Wow, was machst du denn hier?‹«

George Strait
BUD LIGHT

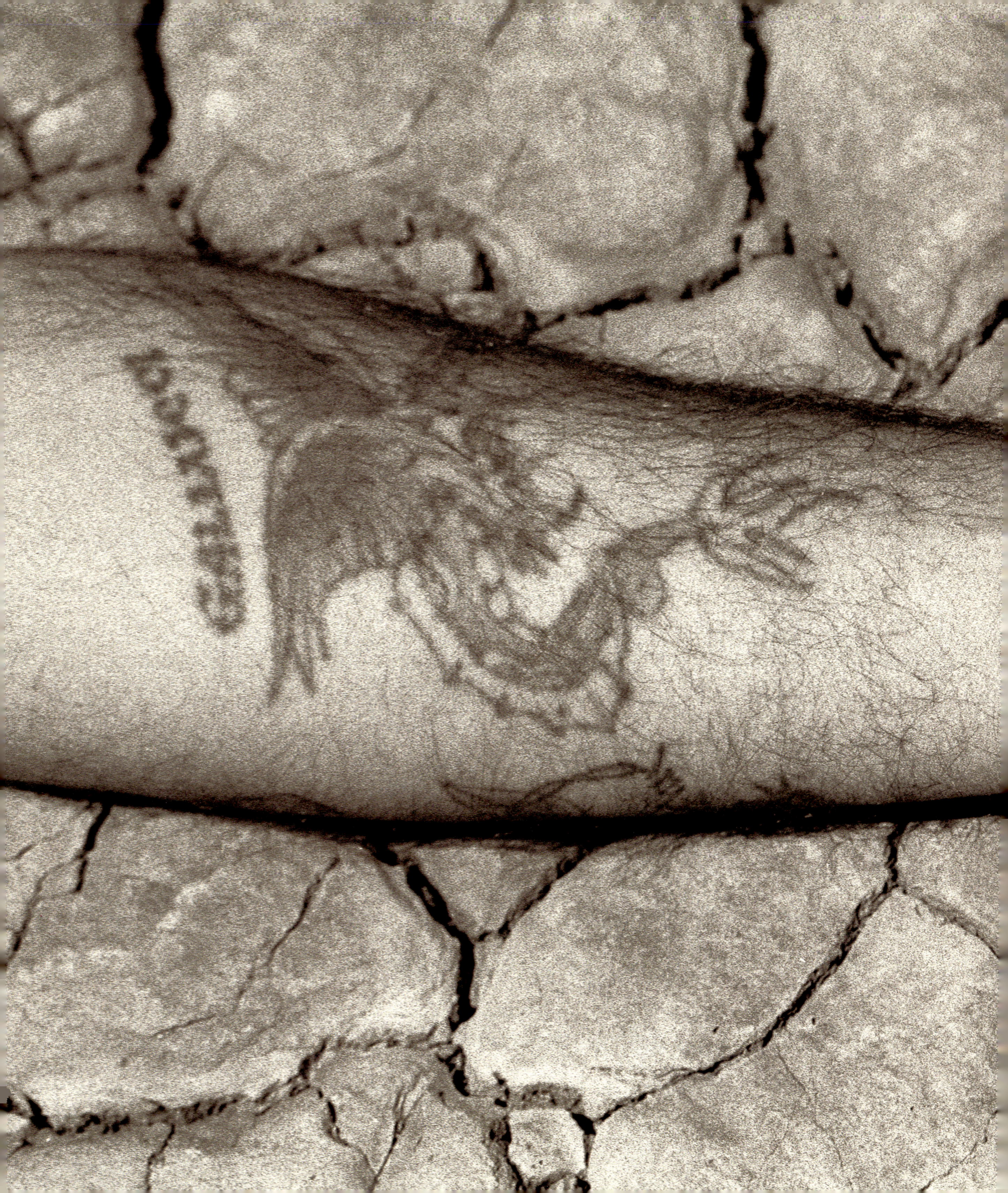

»Man macht das nicht mit links, es ist zwar eine gute Sache, aber die hat auch ihren Preis, und damit mein' ich nicht Kohle, ich mein' das Verheiratetsein oder Freunde oder die Zeit fürs Nichtstun.«

»Wenn ich mich manchmal so umschaue, wie es mit meinem ganzen Kram läuft, bin ich dankbar, dass es mit mir nicht den Bach runtergegangen ist. Ich hab' was vorzuweisen.«

Gedanken nach Timbos Tod

Wie ich mich gefühlt habe nach Timbos Tod? Leer. Es war unglaublich, unvorstellbar, schrecklich. Ich mein', wenn dein bester Freund quasi in deinen Armen stirbt ... UND MEIN BESTER FREUND WAR NUN MAL EIN ELEFANT.

Als Timbo dann tot war, hatte ich niemanden, aber besser so, als wenn er alleine zurückgeblieben wäre. Es war richtig, richtig schwer, damit klarzukommen, schließlich hat er mir 30 Jahre lang so viel gegeben – das hilft zumindest, die Trauer zu überwinden.

Nach seinem Tod bin ich von der Ranch weggelaufen, hab' mich auf mein Motorrad gesetzt und bin stundenlang rumgefahren. Irgendwann hab' ich angehalten, mich hingesetzt und angefangen nachzudenken, und da war ich richtig einsam. Jetzt war es ernst: So fühlt es sich also an, keinen Elefanten mehr zu haben.

Trotzdem, er ist immer noch bei mir. Er ist immer in meiner Nähe. Ich fühle es, immer öfter sogar. Bald wird es wieder kälter werden oder irgendwas zu erledigen geben, und ich werd' die Jungs angucken, die mit mir zusammen arbeiten, verstehst du, und sagen: »Wir müssen jetzt ...«, und dann »Nein, vergesst es!«. Ich werd' drauf und dran sein zu sagen, wir müssen jetzt den Stall auffüllen, wir müssen ihn reinholen, bevor es zu kalt wird. Ich glaub', es liegt daran, dass das Leben im Gehirn weitergedacht wird und weiterläuft, was eine gute Sache ist.

Es gibt so viele Erinnerungen, also, der ganze Ort ist eine einzige Erinnerung. Der Stall, verstehst du, da war so lange ein Elefant drin und jetzt ist er auf einmal weg ... Aber ich glaube, das ist wie mit Geschichte. Es ist Geschichte. So entsteht Geschichte. Wenn man auf die Vergangenheit zurückblickt und sich Geschichte anguckt, dann sind die meisten Leute, die Geschichte geschrieben haben, nicht mehr da, aber so lange man sich noch an sie erinnert und ihre Namen ausspricht, sind sie immer noch bei einem und man fühlt sie, und bei mir ist es eben zufälligerweise ein Elefant. Ich will und werde diese Erinnerungen nie verlieren, und die Erinnerungen werden mich nie verlassen. In meinem Kopf, verstehst du, da ist Timbo immer noch am Leben.

Wer weiß, Mann, WENN ES EINEN ELEFANTENHIMMEL GIBT, DANN RENNT ER DA WAHRSCHEINLICH MIT EINEM HAUFEN ANDERER ELEFANTEN RUM.

Was weiß ich, keine Ahnung. SEIN GEIST IST HALT HIER, ICH TRAG' IHN IN MIR und bin froh drum.

Timbo war über Nacht krank geworden, und wir versuchten ihn zu retten. Das zog sich den ganzen Tag und die ganze Nacht hin. Ich war am nächsten Tag so kaputt, dass ich einfach nach Hause und ins Bett gegangen bin, und als ich dann wieder aufgewacht bin, war alles so unwirklich – fast wie im Traum. Ich hab' da alleine gesessen und wollte mit niemandem reden und nirgendwo hingehen, UND PLÖTZLICH HABE ICH SEINE ENERGIE GESPÜRT, SEINE KRAFT. Ich weiß nicht, ob das nur Erinnerungen waren, die wieder lebendig wurden, oder was das war. Ich konnte das in mir drin fühlen, und dann fing es an, immer größer zu werden, und es wurde fast zu einem Schmerz, und ich sitz' also da und denk': »Oh mein Gott, irgendwie kommt der Elefant gerade zu mir.« Ich konnte ihn fühlen, und dass er zu groß war, um in mich reinzukommen. Ich bin nur ein Mensch, und 10 000 Pfund Elefant zu spüren hat mich ganz schön mitgenommen. Ich bin dann aufgestanden und durchs Zimmer gelaufen. »Was passiert hier eigentlich?«, hab' ich mich gefragt und einfach an ihn gedacht.

TOP

Immer, wenn er so zu mir zurückkam, egal wie das ablief, war sein Geist viel zu groß für meinen Körper. Zwei Wochen hat das gedauert, deshalb konnte ich auch nicht auf die Ranch zurückkommen. Ich musste erst mal passieren lassen, was da passieren musste. Das war so eine riesenemotionale Sache, die größte Gefühlssache, mit der ich jemals zu tun hatte. Es war eine Gefühlssache in Timbogröße. Es war fast schon zu groß.

Ich kann meine Augen zumachen. Ich kann ihn sehen, aber so geht es jedem, der etwas verliert, was ihm nah ist. Aber was ich hier erlebt habe, das war viel gewaltiger als alles, was ich mir jemals hätte vorstellen können. Vielleicht liegt das daran, dass es das größte Tier auf dieser Erde war, zu dem man eine so enge Beziehung haben konnte, und dass ich bei seinem Tod direkt dabei war. Ehrlich gesagt, es wäre doppelt so schrecklich gewesen, wenn ich nicht hier gewesen wäre, um ihm beim Sterben zu helfen. Er wollte es, verstehst du, er war krank. Sein Körper hat nicht mehr mitgemacht. ER WAR BEREIT ZU GEHEN. Es wäre also wirklich egoistisch gewesen, ihn nicht gehen zu lassen. So konnte man seiner Seele und seinem Geist die nötige Ehre erweisen und ihm einen würdevollen Abschied bereiten. Ich werd' ihn in Erinnerung behalten, solange ich lebe.

Wenn ich mich mit Leuten unterhalte, fragen sie mich immer nach den letzten Tagen. Meistens wollen sie was über die Krankheit wissen. Ich will mich damit nicht beschäftigen.

Ich mach' lieber draussen lange Spaziergänge, das war eine meiner Lieblingsbeschäftigungen mit ihm. Wanderungen am Fluss, zu Hause sitzen und hören, wie er trompetet, im Wasser herumspielt oder wie er die Autoreifen durch die Gegend wirft. Das ist der Kram, an den ich mich erinnere, wie es eben 30 Jahre lang abgegangen ist.

Das vergangene Jahr war das Todesjahr. Er hat geistig buchstäblich abgebaut, hat sich verabschiedet, ganz langsam. Das war verheerend ... Deshalb erinner' ich mich lieber an all die guten Dinge, an die Orte, wo wir so viel erlebt haben, und an die langen Wanderungen mit Timbo. Wenn ich nach links gelaufen bin, ist er auch nach links gelaufen. Ich musste ihm das gar nicht extra sagen. Wenn ich nach rechts gelaufen bin, ist er auch nach rechts gelaufen; das ging so einfach. Es gab da eine ganz tiefe Verbindung zwischen dem Tier und mir, die wir selbst geschaffen hatten. Wir waren einfach zwei Lebewesen, zufälligerweise ein Mensch und ein Tier, die aufeinander getroffen sind, sich gegenseitig verstanden haben und mochten und so weiter. Und wenn ich an ihn denk', dann denke ich eben daran.

Ich kenn' mich nicht so gut aus mit spirituellen Dingen und solchen Sachen, aber ich kenne mich und ich kenne mein Leben und ich weiß, was ich fühle, und ich kann ihn fühlen. Wenn ich in seinen Stall, seinen Raum gehe, spüre ich

ihn. Aber das Coole ist, dass er mich begleitet, wenn ich den Raum wieder verlasse, und das ist so ein schönes Erlebnis, ich will das nicht mehr loslassen. Ich mein', 30 Jahre – da stecken eine Menge Erinnerungen drin. Das ist eine verdammt lange Beziehung, und ich musste nun einmal der sein, der einen Elefanten zum besten Freund hatte.

Ich guck' immer, wenn die Bäume wieder grün werden und die ersten Blumen blühen, und denk': »OH MANN, DAS WÜRDE IHM JETZT GEFALLEN.« Und jetzt ist er nicht hier, verstehst du, und wenn das Gras so richtig saftig grün wird und anfängt zu sprießen, dann haben wir es immer für ihn gemäht. Gott, wie hat er das geliebt!

Ich glaube, es ist schlecht, so zu tun, als ob man keine Gefühle hätte. Man soll die Gefühle nicht durch sich durchziehen lassen wie Wind durch einen Maschendrahtzaun. Vergiss es, wenn Männer dastehen wie eine Wand und den Wind von sich abprallen lassen – dann versucht er nämlich, dich umzublasen. ICH SPÜRE TIMBO ÜBERALL, AUCH UNTER DER DUSCHE. Oder auf dem Motorrad. Oder im Auto. Ich spür' ihn, wenn ich im Flugzeug sitze. Und das ist eigentlich eine schöne Sache, weil er dann ja mit mir zusammen unterwegs ist. Vorher ging das nicht. Und jetzt ist er dabei …

Guck' dir manche Leute an: Die denken an Timbo – und werden traurig. Wenn ich an ihn denke, fühl' ich mich glücklich, und deshalb denk' ich nicht an den letzten Tag, und ich glaube auch, dass man sich selbst was vormacht, wenn man das tut. So wie die ganzen Leute, die irgendwann einmal ihren besten Freund verloren haben, oder irgendwen, der ihnen nahe stand. Da sitzen sie dann und erinnern sich nur an die letzten Tage, aber das ist doch nicht alles, was es in ihrem Leben gab. In ihrem Leben kamen gute Tage vor und gute Zeiten, da muss man doch nicht bloß an die letzten Tage denken. Wenn du mich nach meinem Elefanten fragst, dann mach' ich kein trauriges Gesicht und jammer' rum, sondern muss lächeln. ER WAR SO EIN UNGLAUBLICHES TIER, UND UNSERE BEZIEHUNG WAR SO BESONDERS ... Klar, das ist schon ganz schön stumpf: der Elefantenmann zu sein und ohne seinen Elefanten dazustehen. Wie ein Soldat ohne Uniform. Die Leute schauen mich schief an, aber das juckt mich nicht. Wichtig ist, was ich in mir trage und was er mir gegeben hat, und dafür bin ich dankbar.

TAGEBUCHAUFZEICHNUNGEN VON CHRIS GALLUCCI
UND GESPRÄCHE MIT DANIEL OPITZ

cald. docto Bodmer [illegible]
it mite be a abcess [illegible]
expplode it [illegible]
sed that it didnt [illegible]
so far he sed [illegible]
towels on the lump and [illegible]
I starte [illegible] to [illegible]
HOT TOWELS evvey hower [illegible]
started every hower [illegible]
long JULY 1 tusday [illegible]
ATMENT all day [illegible]
[illegible] the TOWELS at all.
JUL[illegible] the same but the lump
going daun or s[illegible]
timbe dosent [illegible]
uncomfortablee at all. but that
lump didnt look so good at first
JULY 3 Still with the hot towels
but not every hower AT LEAST
not all night long and the lump

WA
ELEPHAN
DANGER
KE

RNING
ARE EXTREMELY
-'NO LOITERING
P OUT

WARNING
ELEPHANTS ARE EXTREMELY
DANGEROUS - NO LOITERING
KEEP OUT

»Ich war einmal der
Hüter der Bestie.«

»Am Boden,
am Ende,
am Arsch.«

»Immer, wenn ich die Augen aufgemacht habe, hab' ich einen Elefanten gesehen. Jetzt seh' ich ihn nur noch, wenn meine Augen zu sind.«

Back to the roots
Nachwort von Nomi Baumgartl

Mein Flug ins Okavango-Delta war eine symbolische Reise, eine Spurenaufnahme: Ich wollte zurück nach Afrika, der Wiege der Menschheit und der größten Säugetiere der Erde, der Afrikanischen Elefanten. Ich wollte zurück zu den Wurzeln Timbos. Während ich den Schatten des kleinen Flugzeuges tief unter mir beobachtete, holten mich Träume ein, in denen Timbo einst zu mir kam – sie waren intensiv gewesen, und nachhaltig. Vielleicht ist das Bild dieses Schattenflugs als Sinnbild für Träume zu sehen, die Wirklichkeit werden. Ich wollte sie mit meiner Kamera festhalten, sie als Lichtspuren einer imaginären Reise zu dritt verewigen. Denn in meiner Vorstellung war ich nicht alleine unterwegs. Timbo und Chris Gallucci, der Elefantenmann, begleiteten mich. Ich schenkte ihnen den Blick durch meine Augen. Chris' Wunschtraum, seinen Elefanten wieder auszuwildern und ihm die Freiheit zu schenken, liegt mehr als zehn Jahre zurück. Damals nahm er Kontakt zu Randall J. Moore auf, der für Afrikanische

Elefanten aus der Zirkus- und Filmwelt Amerikas ein Auswilderungsprogramm in Afrika entwickelt hatte. Moores Antwort war desillusionierend: »Timbo ist schon zu alt, selbst wenn sich Chris mit auswildern ließe.« Inzwischen hat Timbo durch seinen Tod eine andere Freiheit erlangt. Was für eine Freude wäre es nun, dem Elefantenmann ohne Elefanten die afrikanische Wildnis, den Elefantenhimmel auf Erden, zu schenken. Dafür gehe ich zurück, *back to the roots,* dafür nehme ich Spuren auf, gehe sie weiter, gebe sie weiter … Der Buschmann Kane führte mich. Dank seiner Fähigkeiten, Spuren zu lesen und mit der Wildnis zu kommunizieren, konnte ich den Elefantenpfaden folgen. Als wir die erste Elefantenherde fanden, erwartete uns ein ergreifender Empfang, voller Neugier auf beiden Seiten. Ein bewegender Augenblick. So hätte Timbos Leben ausgesehen … Die wirkliche Größe dieser irdischen Giganten wurde mir bewusst, als ich den Schädel eines Elefantenbullen betrachtete. Ich ließ ihn auf mich wirken, und es schien, als würde er noch an Größe gewinnen, über sich hinauswachsen, zu einer Skulptur, die lebendig wurde, umgeben von Geist und Seele. Kane zelebrierte ein Ritual, das ich als Requiem für Timbo fotografisch festhielt. Zum Abschied fand ich ein Stück abgebrochenes Elfenbein. Es war das schönste Geschenk, das die afrikanische Erde mir hätte machen können. Ich brachte es zu einem Ebenholzbaum, der sich wie ein großer Schattenriss im Himmel abzeichnete und auf einer Anhöhe über der Elefantenherde wachte. Die Elefanten hatten an ihm ihre Spuren hinterlassen, sie lieben Baumrinde. Ich fand eine Stelle im

Stamm, wo sich die beiden Naturen, Ebenholz und Elfenbein, in vollendeter Harmonie ineinanderfügten und eins wurden. *To be One* steht für die Sehnsucht nach Einheit und für die Geschichte von Chris und Timbo. *Back to the roots* sind die Wurzeln für die Zukunft – und vielleicht der Impuls dafür, dass der Elefantenmann das Leben ohne Timbo mit anderen Augen sieht, dass er in den Spuren seines verstorbenen Elefanten liest, um dann seiner *Vision* zu folgen.

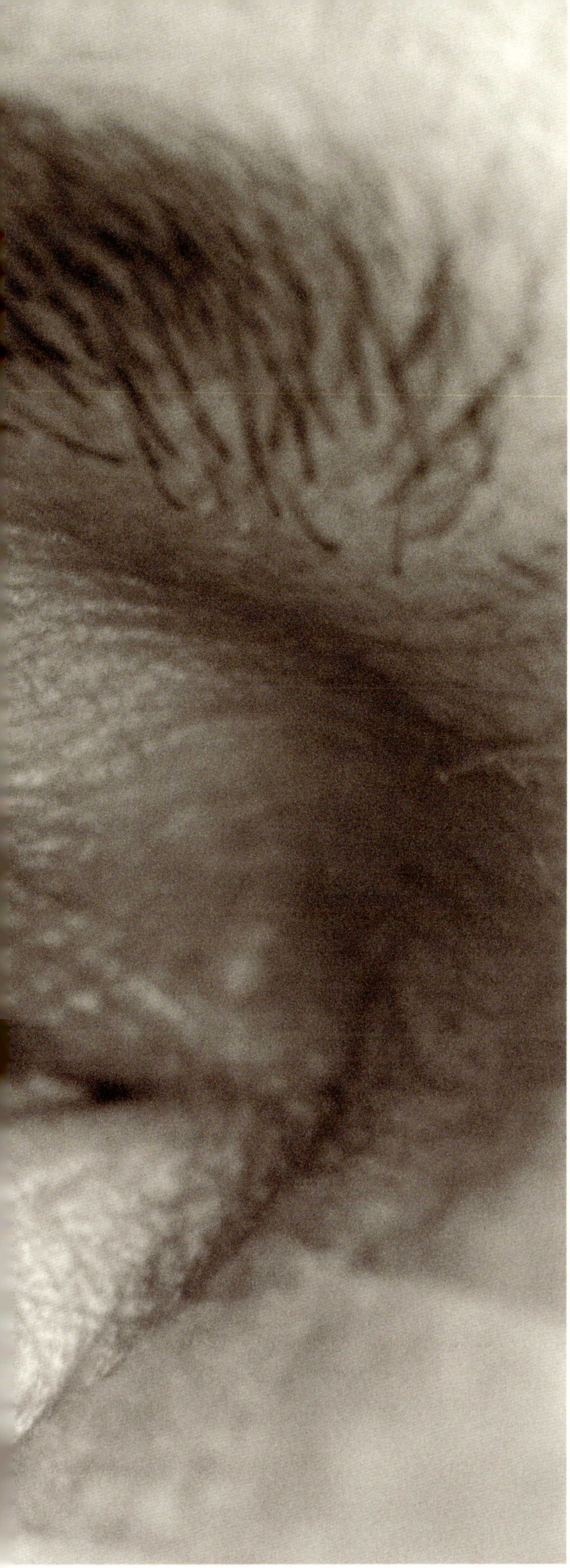

»Wenn es einen Elefantenhimmel gibt, dann rennt er da wahrscheinlich mit einem Haufen anderer Elefanten rum.«

Nomi Baumgartl, international renommierte Fotografin, lebt in München und überall auf der Welt, um an ihren Projekten zu arbeiten. Ihr Lebenswerk besteht darin, die Verbindung zwischen Mensch und Natur, Meer und Erde in Bildern zu zeigen – als Hommage an die Schöpfung. Nomi Baumgartls Arbeiten haben namhafte Auszeichnungen erhalten, ihre Bilder sind in zahlreichen Veröffentlichungen und Ausstellungen zu sehen. Mit Mumo, erschienen im Piper Verlag, ist die professionelle Fotografin auch als Autorin erfolgreich – Timbo inspirierte sie zu Mumo, einer poetischen Geschichte von einem Elefanten, angesiedelt zwischen Traum und Wirklichkeit. Nomi Baumgartl ist Mitglied der Fotografenagentur Bilderberg und engagiert sich als Botschafterin von dolphin aid.
www.I-WONDER-NOMI.com

Chris Gallucci, 50, Autor, Biker und Elefantentrainer, lebt in Acton/Kalifornien. Seine Jugend verbrachte er abwechselnd auf der Straße und im Gefängnis; die letzten 30 Jahre aber schenkte er Timbo, dem größten und gefährlichsten Afrikanischen Elefantenbullen Nordamerikas. Was mit einer Spirale aus Wut und Gewalt begann, wurde zu einer einzigartigen Liebesgeschichte zweier rebellischer Dickhäuter. Obwohl Chris kaum schreiben kann, führte er über drei Jahrzehnte hinweg detailliert Tagebuch über seinen außergewöhnlichen Alltag als Elefantentrainer. Nach dem Tod Timbos arbeitet Chris weiterhin als Preserve Supervisor auf Shambala, dem Reservat für Wildtiere am Rande der Mojave-Wüste. *www.shambala.org*

Daniel Opitz, 36, Autor und Filmemacher, ist Kopf und Gründer der Produktionsfirma Ocean Mind mit Sitz in Kiel und auf Maui/Hawaii. Das emotionale Spannungsfeld zwischen Mensch und Natur stand stets im Mittelpunkt seines filmischen Interesses: Im Jahr 2000 produzierte Daniel Opitz sein Erstlingswerk Ka Nalu Nui, eine Dokumentation über die größte Welle der Welt. 2003 folgte Der Elefantenmann, ein Film über die Freundschaft zwischen dem Biker Chris Gallucci und dem Elefantenbullen Timbo. Beide Filme laufen im internationalen Fernsehen und wurden auf zahlreichen Festivals mit Preisen ausgezeichnet. Zurzeit arbeitet Daniel Opitz an Whales in Mind, einer Kino- und TV-Produktion über das einzigartige Verhältnis zwischen Mensch und Wal. Informationen und DVDs zu den einzelnen Projekten erhalten Sie unter *www.ocean-mind.com.*

Dank

Nomi Baumgartl: Ich danke …

Tatjana Patitz für die Begegnung mit dem Elefantenmann.

Dirk Walbrecker, der die Verleger zu den Elefantenspuren führte und mit ihnen die Begeisterung teilte.

Constanze Wild für die gemeinsamen Gespräche, welche die unsichtbaren Zusammenhänge des Elefantenmannthemas beleuchteten; sie assistierte mir in Afrika bei den Fotoaufnahmen für »Back to the roots«.

der Leica Camera AG und insbesondere Steffen Keil.

Wilderness Safaris für den großzügigen Support im Savuti- und Abu-Camp in Botsuana. Das Unternehmen setzt sich vorbildlich für den Schutz der Wildnis ein.

Kane, dem Buschmann, für seine *wilderness education*.

Randall J. Moore und seinem Team im Abu-Camp sowie Dr. Sybille Quandt, die als Großwildveterinärin das Elefanten-Auswilderungsprogramm mitbetreut und sich leidenschaftlich für den internationalen Elefantenschutz engagiert.

Anke Degenhardt, Director of photography bei Park Avenue.

Jorge Schmidt, dem Buch-Alchemisten, der es versteht, alles zu trennen, um es zu einer kunstvollen grafischen Einheit zu gestalten.

Arno Drexler, der meine Fotos meisterhaft in einen Datenkosmos für den Druck verwandelt hat, damit dieser Bildband das Licht der Welt erblicken konnte.

Iris Forster, die durch ihr einfühlsames Lektorat Wort und Bild zur Einheit werden ließ.

Timbo und Chris, die mir ihr Vertrauen schenkten und mich die tiefe Verbindung zwischen Elefanten- und Menschenseele lehrten.

… auch allen beteiligten Personen, die hier namentlich nicht erwähnt sind, für ihre Geburtshilfe bei diesem einzigartigen Bildband und ganz besonders gilt mein herzlicher Dank den Verlegern Monika Thaler und Gert Frederking.

Daniel Opitz: Ich danke …

Tippi Hedren herzlichst für den Hauch von Hollywood, den sie mit ihrem bezaubernden Charme und ihrer zeitlosen Schönheit über unser Filmset legte.

dem NDR Naturfilm und der MSH für den festen Glauben an mich und mein Projekt.

Stephan Reinsch, Florian Melzer und Ida von Salzwedel für die tatkräftige Unterstützung in allen wichtigen Lebens- und Produktionsphasen.

Ocean Mind @motion pictures

Leica

WILDERNESS SAFARIS
Our Journeys Change People's Lives

Impressum

Die Deutsche Bibliothek verzeichnet diese Publikation in der Deutschen Nationalbibliografie; detaillierte bibliografische Daten sind im Internet unter http://dnb.ddb.de abrufbar.

Fotos: Nomi Baumgartl, München
Autorenfotos (Nomi Baumgartl/Daniel Opitz): Constanze Wild, Dießen am Ammersee
Text: Chris Gallucci, Acton/Kalifornien
Vorwort und Gespräche: Daniel Opitz, Ocean Mind, Kiel und Maui/Hawaii
Seite 26-37 und Seite 116-127: Tagebuchaufzeichnungen von Chris Gallucci und Gespräche mit Daniel Opitz zum Film »Der Elefantenmann«, Ocean Mind
Nachwort: Nomi Baumgartl, München

Übersetzung aus dem Amerikanischen: Holger Wölfle
Lektorat: Dr. Iris Forster, München
Buchdesign: Büro Jorge Schmidt, München
Herstellung: Verlagsservice Rau, München
Bilddigitalisierung und -bearbeitung: Arno Drexler, photo-media-design, Aidenried am Ammersee
Druck und Bindung: Passavia Druckservice, Passau
Printed in Germany

ISBN 978-3-89405-682-7

»Von allen Spuren ist die des Elefanten die grösste.«

Buddha

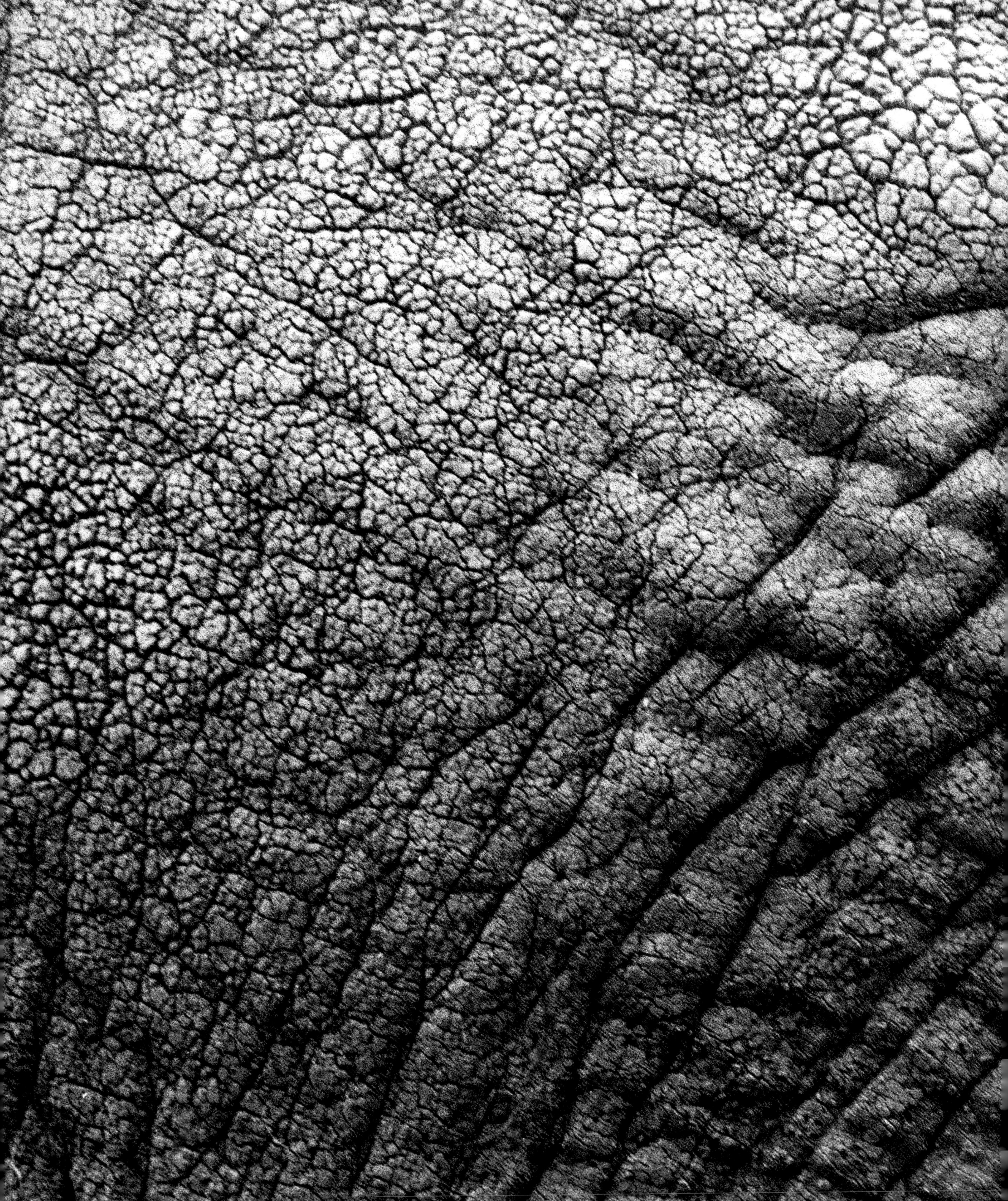